Rutuja Dandegaonkar
Jayashree S. Awti

Problema de aparcamiento en el Instituto

Rutuja Dandegaonkar
Jayashree S. Awti

Problema de aparcamiento en el Instituto

ScienciaScripts

RESUMEN

INDIA es un país en vías de desarrollo y su población equivale al 17,86% del total de la población mundial. Como la población sigue aumentando y las familias se están nuclearizando, cada miembro de la familia necesita un vehículo. La cantidad de vehículos privados está aumentando enormemente debido a la insuficiencia de transporte público, lo que conduce a un creciente problema de aparcamiento. Es necesario utilizar el espacio disponible de forma eficiente para reducir los problemas de aparcamiento. Hay problemas de aparcamiento en los institutos educativos debido a la falta de espacio y a una gestión inadecuada del aparcamiento.

ACUSE DE RECIBO

Es para mí un gran placer publicar este libro y me complace expresar mi especial agradecimiento a la Dra. J. S. Aawati por su excelente y oportuna orientación y sus constructivas sugerencias durante la preparación del libro. Este libro no habría tenido éxito sin su aliento hasta la publicación. Le agradezco mucho su orientación y su oportuna ayuda, que han hecho que esto sea una realidad.

Expreso mi profunda gratitud a los miembros del personal y a los ayudantes de biblioteca por su cooperación. Por último, expreso mi sincero agradecimiento a todos aquellos que me han ayudado directa o indirectamente.

CONTENIDO

CAPÍTULO 1   **4**

CAPÍTULO 2   **9**

CAPÍTULO 3   **12**

CAPÍTULO 4   **17**

CAPÍTULO 5   **21**

CAPÍTULO 6   **33**

CAPÍTULO 7   **35**

CAPÍTULO 8   **36**

CAPÍTULO 1

1.1 INTRODUCCIÓN

El nuevo problema al que se enfrenta INDIA hoy en día es la falta de espacio para el aparcamiento. Debido a la gran población de la India, las instalaciones de transporte disponibles no son suficientes, por lo que la cantidad de personas que utilizan vehículos privados es grande. Las familias son cada vez más pequeñas, pero los vehículos superan el número de cabezas de familia. Como consecuencia, no hay suficiente espacio para aparcar, por lo que la mayoría de las carreteras de la India están ocupadas por vehículos. Una media del 40% de las carreteras están ocupadas por vehículos aparcados en días laborables. El número de personas que utilizan vehículos de dos ruedas es mayor que el de cuatro ruedas. Delhi, la capital de India, está considerada como la peor ciudad en cuanto a disponibilidad de aparcamiento.

El aparcamiento de coches se ha convertido en uno de los problemas a los que nos enfrentamos casi a diario. Además del problema del espacio para los coches en movimiento en la carretera, el problema del espacio para los vehículos aparcados es mayor. La mayoría de los vehículos privados permanecen aparcados durante mucho tiempo. Este problema se debe a la gratuidad de los aparcamientos. La mayoría de la gente no tiene en cuenta el tiempo, lo que causa más problemas en la disponibilidad de aparcamiento.

El problema del aparcamiento depende de los días festivos y laborables. Algunas zonas donde se encuentran institutos y empresas suelen estar abarrotadas entre semana, mientras que los fines de semana los problemas de aparcamiento se dan en las zonas comerciales, los institutos y los teatros. Los problemas de aparcamiento en los institutos se deben a que los estudiantes no respetan las normas de aparcamiento.

1.1.1 Identificación del problema.

Para llevar a cabo la identificación del problema, el mentor dividió a todos los alumnos en dos grupos. Los miembros del grupo han utilizado el método de tormenta de ideas para identificar el problema.

Los problemas se dividen en dos grupos: problemas generales y problemas a nivel de instituto. Los miembros del grupo debatieron los problemas del entorno del siguiente modo,

1) Problemas generales.

   a) Calidades de las carreteras y análisis

   b) Accidentes de tráfico

   c) Gestión del tráfico

   d) Gestión de residuos relacionados con la contaminación

   e) Gestión de residuos industriales

   f) Gestión de autobuses

   g) Trabajo social para invidentes

   h) Conservación de órganos

   i) Conciencia de las donaciones de partes del cuerpo

   j) Sensibilización sanitaria de las mujeres

   k) Encuesta sobre la contaminación acústica en las fiestas

   l) Análisis del tráfico

2) Problemas a nivel de instituto

   a) Problema de aparcamiento en los institutos

   b) Calidad de los alimentos en el comedor

   c) Gestión de la salida de libros de la biblioteca

   d) Gestión de residuos vegetales en el instituto

e) Desperdicio de electricidad.

f) Gestión del tiempo de recreo

g) Gestión de proyectos académicos

h) Identificación de competencias entre los estudiantes de secundaria

A continuación, se presentan todos estos problemas y se discuten con el tutor. Tras el debate, el tutor ha asignado un problema a cada estudiante. Entre todos estos temas, se seleccionaron los cinco siguientes para cinco miembros: a) gestión de residuos vegetales b) identificación de habilidades entre los estudiantes de secundaria c) análisis del tráfico d) problemas de salud en las mujeres e) problemas de aparcamiento en los institutos.

Los residuos vegetales son un problema importante a nivel mundial. La superficie del instituto es muy grande y hay muchos residuos vegetales. La gestión de los residuos vegetales debe llevarse a cabo en el instituto. Los residuos vegetales pueden descomponerse utilizando varios métodos como el compostaje, el biogás y los biofertilizantes. Estos métodos son ecológicos. Son técnicas libres de contaminación para deshacerse de los residuos vegetales. Teniendo en cuenta todos estos puntos, este tema ha sido seleccionado para la investigación de un estudiante.

La identificación de competencias es muy importante entre los estudiantes de bachillerato. Las competencias pueden ser técnicas o culturales. La confianza tiene un gran impacto en las habilidades. La mayoría de los estudiantes tienen habilidades técnicas, pero debido a la falta de confianza no las utilizan. En PG, los estudiantes deben ser capaces de utilizar sus habilidades para el desarrollo de la personalidad. Teniendo en cuenta la importancia de la identificación de habilidades, este tema ha sido seleccionado para la investigación de un estudiante.

Hoy en día, uno de los principales problemas a los que se enfrenta la gente es el tráfico. En lugar de utilizar el transporte público, la gente prefiere utilizar vehículos privados.

El transporte público no es eficaz ni suficiente para la gente. Debido al aumento del calentamiento global la gente prefiere viajar en coche AC en lugar de utilizar el transporte público. Como el número de vehículos supera el número de personas en la familia causando problemas de tráfico en la carretera. El aumento del tráfico provoca contaminación, accidentes y depresión. Teniendo en cuenta estos puntos, este tema se ha finalizado para la investigación de un estudiante.

Las mujeres de hoy son más capaces, independientes y libres en comparación con la época anterior. Han reclamado más poder y potencial. Pero durante este viaje, las mujeres se enfrentan a muchos problemas de salud. Como vivimos en una sociedad dominada por los hombres, la salud de las mujeres no se tiene en cuenta ni se descuida. Para investigar los problemas de salud a los que se enfrentan las mujeres y concienciar a la sociedad sobre la salud de la mujer, se ha creado este tema para una estudiante.

En varios institutos el problema del aparcamiento es un gran problema, debido a este problema se pierde tiempo innecesariamente para buscar un lugar para aparcar los vehículos y luego retirar el vehículo de la zona de aparcamiento. El problema se produce debido a la falta de zona de aparcamiento, la disposición inadecuada de aparcamiento o no seguir las instrucciones dadas por el vigilante, etc, por lo tanto, este problema se finaliza para este papel.

Planteamiento del problema

"Problema de aparcamiento en el instituto"

1.2 Alcance de la encuesta

En este estudio se examinan dos zonas de aparcamiento del instituto. Las observaciones se realizan teniendo en cuenta diferentes factores como la superficie disponible para el aparcamiento y la disposición del mismo. Se determinan muchos factores que causan el aparcamiento inadecuado. Los estudiantes no siguen las normas de aparcamiento, no siguen la disposición para el estacionamiento. Esto hace que se desperdicie el espacio asignado al aparcamiento.

La utilización adecuada del espacio de estacionamiento puede llevarse a cabo, si los estudiantes siguen las instrucciones cuidadosamente y siguen las reglas. El despilfarro de espacio de aparcamiento puede reducirse en gran medida.

1.3 Objetivos de la encuesta

Los principales objetivos de esta encuesta son

1) Recoger los datos relativos al aparcamiento en el instituto.
2) Recoger las causas del estacionamiento indebido
3) Recoger las sugerencias y opiniones del personal y los alumnos relacionadas con el estacionamiento indebido.
4) Averiguar si el instituto ha tomado alguna medida contra el estacionamiento indebido.

CAPÍTULO 2

2.1 REVISIÓN BIBLIOGRÁFICA

Los investigadores analizaron el problema del aparcamiento en varias zonas, que requiere mucho tiempo. Los investigadores desarrollaron un sistema de reserva automatizado utilizando la tecnología de tal manera que el usuario puede reservar la zona de aparcamiento utilizando servicios de mensajes cortos. El controlador Pic comprobará la zona disponible y el usuario recibirá el mensaje de confirmación de la reserva y los detalles de la reserva, como la contraseña, la fecha, la hora y el aparcamiento a través de GSM. Cuando el vehículo llega a la plaza de aparcamiento, se apaga. Si el usuario no llega en el tiempo indicado, recibirá un mensaje de cancelación. Cada reserva tiene una duración de 60 segundos. El límite de tiempo es la gran desventaja de este documento, ya que puede ser difícil llegar en 60 segundos debido al tráfico. El microcontrolador puede gestionar pocas reservas a la vez, ya que está diseñado para un área pequeña. [1]

Los investigadores encontraron que los vehículos están aumentando de manera rápida, pero el espacio de estacionamiento no se puede aumentar con esa tasa por lo tanto se produce la congestión del tráfico. El investigador propone una solución basada en un sistema de aparcamiento FPGA. En este proyecto se utilizan dos módulos FSM. Cuando el usuario llega a la zona de aparcamiento, el módulo de identificación identifica si el usuario es regular o genera una nueva tarjeta de aparcamiento. El módulo de comprobación de plazas comprobará si hay plazas libres y la disponibilidad se mostrará en la pantalla LCD. Si hay espacio disponible, el motor girará en el sentido de las agujas del reloj y la puerta se abrirá. Para la entrada de vehículos, el usuario puede aparcar el vehículo de acuerdo con la información disponible. La transformación de los datos se realiza mediante el módulo RF. [2]

Los investigadores han observado que la congestión del tráfico aumenta cuando los usuarios utilizan la estrategia de búsqueda ciega. En la actualidad, el sistema de aparcamiento inteligente utiliza información compartida y PIS con búfer. En el PIS, varios coches pueden buscar una sola plaza y en el PIS con búfer no se puede determinar el número de plazas con búfer. Para superar estos inconvenientes, los investigadores propusieron un sistema que incluye zonas de aparcamiento, usuarios y bases de datos. Cuando los usuarios reciben información sobre el aparcamiento, pueden reservarlo a través de una aplicación móvil con su cuenta. Cuando la reserva se realiza correctamente, el usuario recibe un código QR. Al usuario se le da una franja horaria específica para llegar a la zona de aparcamiento, el usuario puede retrasar la franja horaria si no es capaz de llegar dentro del período de tiempo dado. Cuando el usuario llega a la zona de aparcamiento correspondiente, puede escanear el código QR y aparcar el vehículo en la plaza reservada. [3]

La mayoría de los aparcamientos se gestionan manualmente, no hay sistemas específicos y no son eficientes. La búsqueda de plazas de aparcamiento vacías en aeropuertos, centros comerciales y universidades es un gran problema. Para superar este problema, el investigador diseñó un sistema inteligente de gestión de aparcamientos mediante procesamiento de imágenes. La disponibilidad de plazas de aparcamiento vacías se muestra en la pantalla LCD situada fuera de la entrada del aparcamiento. Este prototipo consta de un número de combinaciones posibles en las que se pueden aparcar los vehículos. La imagen de entrada se introduce en el sistema de entrada y se realiza la extracción de la imagen. Se utiliza una red neuronal para detectar patrones desconocidos comparando los patrones almacenados anteriormente. La plaza de aparcamiento se asigna al usuario. Cada usuario recibe una etiqueta RFID que se utiliza para el proceso de pago de los usuarios registrados. [4]

Este artículo presenta el sistema de aparcamiento de varios pisos utilizando PLC. En este trabajo el investigador ha organizado el sistema de aparcamiento de tal manera que los vehículos se aparcarán en función de la prioridad. Una pantalla en la planta baja informa sobre los coches de cada planta. En cada plaza de aparcamiento hay sensores IR que detectan la presencia de un coche en una determinada plaza. El ascensor se mueve utilizando motores y aparca el vehículo en la ranura vacía, y el usuario obtiene la información sobre la ranura aparcada. Cuando el ascensor recibe esta información, retira el vehículo de la plaza correspondiente. [5]

En este trabajo, los investigadores han diseñado el sistema de aparcamiento para 3 plantas. Se utiliza el controlador ATMEGA 16 junto con el módulo transreceptor zigbee. En este artículo se comparan el antiguo sistema de aparcamiento, en el que se utiliza el microcontrolador 8085, y el nuevo sistema de aparcamiento, en el que se utiliza el ATMEGA 16. La tecnología inalámbrica se utiliza para detectar los coches. La tecnología inalámbrica se utiliza para la detección de coches y CCTV también se utilizan para saber aparcamiento vacío. En los aparcamientos de varios pisos, los vehículos pueden aparcarse piso tras piso, por lo que se requiere menos espacio. Este sistema sólo está disponible para los usuarios registrados, los códigos de acceso específicos se dan a los usuarios. Al entrar por la puerta de seguridad, el usuario recibe información sobre la disponibilidad de plazas. El ascensor llevará automáticamente el vehículo a la plaza de aparcamiento correspondiente. [6]

Este artículo presenta una tecnología sencilla para el aparcamiento automático de vehículos. En este trabajo se utiliza la placa aurdino UNO que es un dispositivo amigable que se puede interconectar fácilmente con otros dispositivos. Aquí los interruptores se utilizan para saber la disponibilidad de la ranura de estacionamiento. Si el interruptor es presionado, la ranura respectiva está en uso. Si hay un espacio vacío en el estacionamiento, la puerta se abrirá, de lo contrario permanecerá cerrada. Los servomotores se utilizan para abrir y cerrar la puerta. La pantalla también muestra el estado de las plazas de aparcamiento. La comprobación aleatoria de la disponibilidad de plazas de aparcamiento se realiza cada vez que llega un coche nuevo al aparcamiento. [7]

CAPÍTULO 3

3.1 APARCAMIENTO

El crecimiento de la población ha creado muchos problemas en India, uno de ellos es el aparcamiento, al que nos enfrentamos cada día. Debido al aumento de la población, aparcar un vehículo es más problemático que conducirlo, ya que ocupa más espacio que conducirlo porque permanece inmóvil en una zona determinada.

Aparcar es el acto de diseñar un vehículo y dejarlo desocupado. También se conoce como poner el vehículo en reposo e inmóvil en un lugar determinado. Aparcamientos: existen aparcamientos interiores y exteriores en todas partes. Interior significa ya sea en el sótano de la casa o centro comercial de estacionamiento, aparcamiento de varios pisos, etc aparcamiento al aire libre es donde se puede aparcar su vehículo en la zona de carretera.

Tipos de aparcamiento

1) Aparcamiento en la calle:

Significa estacionar el vehículo en la calle, en el bordillo de las calles, en lugar de aparcarlo en un garaje. En algunas calles siempre se puede aparcar el vehículo en la calle, pero a veces hay restricciones. Suelen ser los propios organismos gubernamentales los que se encargan de ello. Estas restricciones se presentan en las señales de tráfico, a veces se le permite aparcar sólo en un lado de la carretera, a veces no se le permite aparcar su vehículo en absoluto. También hay situaciones de aparcamiento en la calle donde se necesita un permiso de estacionamiento para aparcar.

2) Aparcamiento en la calle:

Significa aparcar el vehículo en cualquier sitio, pero no en la calle. Suele tratarse de aparcamientos como garajes, aparcacoches y parkings. El aparcamiento fuera de la calle puede ser tanto interior como exterior. Los aparcamientos fuera de la vía pública también incluyen parcelas privadas, garajes y entradas de vehículos. Los aparcamientos en la calle y fuera de la calle se pueden hacer de varias maneras.

a) Aparcamiento en paralelo:

Es la acción de aparcar un vehículo en paralelo y cerca del borde de la carretera. El estacionamiento en paralelo suele requerir inicialmente circular un poco más allá de la plaza de aparcamiento, en paralelo al vehículo estacionado delante de esa plaza, manteniendo una distancia de seguridad, y a continuación dar marcha atrás para entrar en esa plaza.

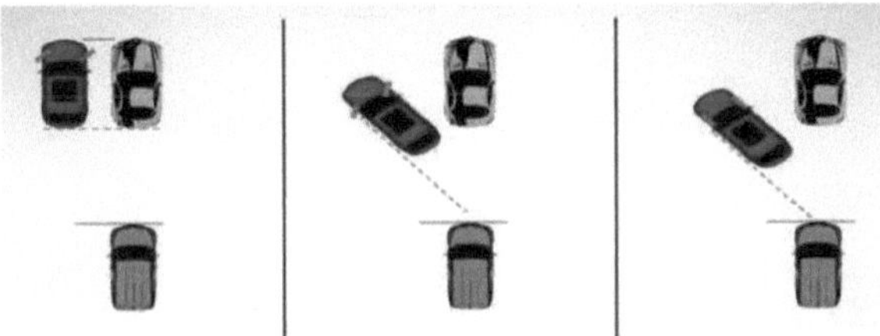

Fig.3.1 Ilustración del estacionamiento en paralelo

b) Aparcamiento a 30 grados:

Aquí, los vehículos se aparcan en un ángulo de 30 grados con respecto al trazado de la carretera, donde hay una serie de tangentes horizontales y curvas. En este caso, se pueden aparcar más vehículos en comparación con el aparcamiento en paralelo.

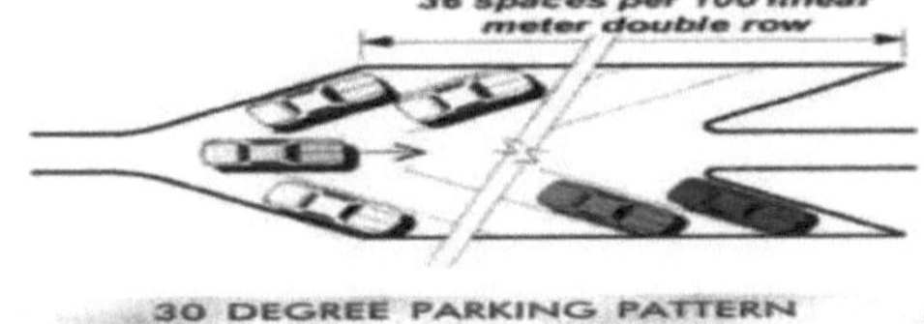

Fig. 3.2 Ilustración del aparcamiento a 30 grados

c) Aparcamiento a 45 grados:

Este tipo de aparcamiento tiene mucho espacio para aparcar los vehículos. El ángulo de estacionamiento aumenta. más número de vehículos a aparcar. En comparación con el estacionamiento en paralelo y el estacionamiento a treinta grados, en este tipo de estacionamiento cabe un mayor número de vehículos.

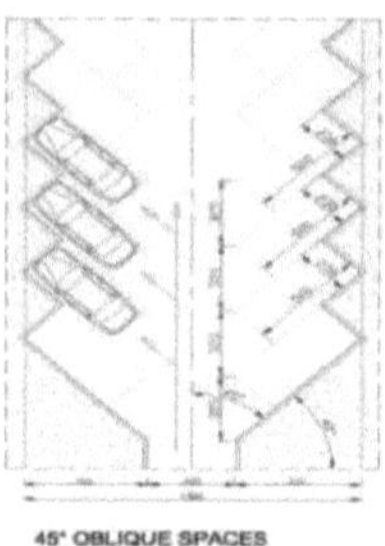

Fig. 3.3 Ilustración del aparcamiento a 45 grados

d) Aparcamiento a 60 grados :

Los vehículos se aparcan a 60 grados de la carretera. Este tipo de aparcamiento permite estacionar un mayor número de vehículos.

Fig.3.4 Ilustración de aparcamiento a 60 grados

e) Aparcamiento a 90 grados :

El aparcamiento en ángulo de 90 grados, también denominado aparcamiento perpendicular, se utiliza a menudo en los aparcamientos

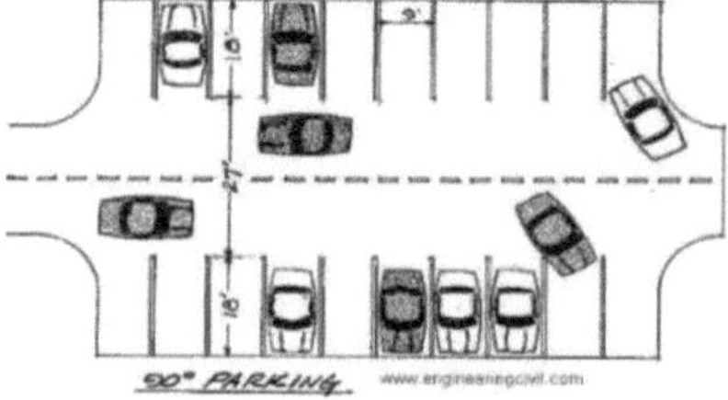

Fig.3.5 Ilustración de aparcamiento a 90 grados
solares, centros comerciales y, a veces, en los bordillos de las calles. Con un poco de práctica, aparcar en un ángulo de 90 grados puede convertirse en una tarea fácil.

f) Aparcamiento multinivel:

Un aparcamiento de varios niveles también se conoce como garaje, edificio de aparcamiento o aparcamiento cubierto. Se trata de un edificio diseñado para el estacionamiento de vehículos en el que hay varias plantas. En esencia, se trata de un aparcamiento apilado.

Fig. 3.6 Ilustración de un aparcamiento de varios niveles

3.2 Requisitos de aparcamiento

Los distintos tipos de edificios necesitan diferentes sistemas de aparcamiento. Una parcela residencial de menos de 330 m2 sólo necesita aparcamiento comunitario. Un área de 500 a 1000 metros cuadrados al menos una cuarta parte debe estar abierta para el estacionamiento. Los sectores corporativos u oficinas pueden requerir como mínimo una plaza de aparcamiento por cada 70 m2 de superficie. En hoteles y restaurantes, una plaza de aparcamiento es suficiente para una familia o 10 asientos, mientras que las salas de cine necesitan una plaza de aparcamiento para 20 asientos. Esto significa que las diferentes zonas requieren diferentes sistemas de aparcamiento en función de las necesidades.

3.3 Efectos nocivos del aparcamiento

Hay algunos efectos nocivos del aparcamiento incorrecto como la congestión, la contaminación, los accidentes, la obstrucción de las operaciones gubernamentales como la lucha contra incendios.

1) Congestión: La capacidad de las carreteras disminuye considerablemente debido al aparcamiento en la calle. Esto afecta negativamente a las personas que pasean o a los pasajeros que viajan, provocando retrasos. Se producen pérdidas económicas debido al coste operativo de los vehículos.

2) Contaminación: Durante el estacionamiento, el vehículo tiene que avanzar y retroceder muchas veces, lo que provoca la emisión de más contaminantes en el medio ambiente y causa riesgos medioambientales. Las zonas cercanas a hospitales y parques son las más afectadas por la contaminación.

3) Accidentes: Los descuidos al aparcar y al dejar de aparcar provocan accidentes que se denominan accidentes de aparcamiento. La mayoría de los accidentes se producen durante el estacionamiento debido a la conducción descuidada del coche fuera del aparcamiento o debido a las puertas abiertas.

4) Obstaculización de las operaciones gubernamentales: Debido al estacionamiento inadecuado muchas operaciones del gobierno se ven obstaculizadas, como la lucha contra incendios la furgoneta tiene que hacer frente a problemas y puede causar retraso fatal para el sitio. Del mismo modo, la persecución de un delincuente también se ve afectada por un aparcamiento inadecuado.

3.4 Ventajas de aparcar correctamente

1) Ahorro de espacio: hasta un 70%.

2) Liberar el espacio a nivel del suelo para un mejor uso comercial.

3) Reducción del coste total de propiedad.

4) Respetuoso con el medio ambiente, ya que se evitan las rampas.

5) Mayor rendimiento y operaciones más rápidas (capacidad para manejar de 40 a 60 coches por hora).

CAPÍTULO 4

4.1 METODOLOGÍA

4.1.1 Selección de la zona de estudio:

Para esta encuesta hemos seleccionado nuestro propio instituto, el Instituto de Tecnología Rajarambapu. Los datos se recogieron entre el personal y los estudiantes de UG y PG.

4.1.2 Selección del tamaño de la muestra:

El tamaño de la muestra es una característica importante del estudio de investigación en el que el objetivo es sacar conclusiones a partir de las muestras tomadas por la población. Un mayor tamaño de la muestra determina que se pueda estar más seguro de la respuesta que refleja el tamaño de la población. Existen numerosas fórmulas para calcular el tamaño de la muestra. Es un proceso largo.

A la hora de seleccionar el tamaño de la muestra, hay que tener en cuenta algunos factores. Se enumeran a continuación

1) Intervalo de confianza

2) Nivel de confianza

3) Porcentaje

4) Tamaño de la población

5) Intervalo de confianza:

En otras palabras, el intervalo de confianza t también se conoce como margen de error. En estadística, el margen de error (es decir, el intervalo de confianza) es un tipo particular de intervalo que es la estimación de un parámetro de población. Es una cifra más-menos que suele indicarse cuando se requiere un gran número de opiniones. Por ejemplo, si se utiliza un intervalo de confianza del 5 al 50% de la muestra elige una respuesta se puede estar "seguro" de que si se hiciera la pregunta a toda la población entre el 45% y el 55% habría elegido la respuesta.

3) Nivel de confianza:

El nivel de confianza indica lo seguro que estás de tu decisión. Se expresa en porcentaje y representa la frecuencia con la que una respuesta elegida por la población se encuentra dentro del intervalo de confianza.

El nivel de confianza puede expresarse como 90%, 95% y 99%.

Si eliges un nivel de confianza del 90%, significa que estás seguro al 90%; si eliges un nivel de confianza del 95%, significa que estás seguro al 95%; si eliges un nivel de confianza del 99%, significa que estás seguro al 99%. Normalmente, los investigadores eligen un nivel de confianza del 95%.

3) Porcentaje:

La precisión de la encuesta depende del porcentaje de la muestra que selecciona una respuesta determinada.

4) Tamaño de la población:

El tamaño de la población es el número de personas presentes en el grupo que representa el tamaño de la muestra.

Puede tratarse del número de personas del instituto elegido para la encuesta o del número de personas presentes en el albergue elegido para la investigación. Aunque no conozca el tamaño exacto de la muestra, aquí se utiliza la probabilidad para representar a la población total.

Para esta encuesta, el tamaño de la muestra se calcula utilizando la calculadora del tamaño de la muestra. Está disponible gratuitamente en Internet. En primer lugar, se calcula el intervalo de confianza asumiendo el nivel de confianza, el tamaño de la población, el porcentaje y el tamaño de la muestra. A continuación, se calcula el tamaño de la muestra utilizando este intervalo de confianza. El tamaño de la muestra calculado es 99, como se muestra en la figura.

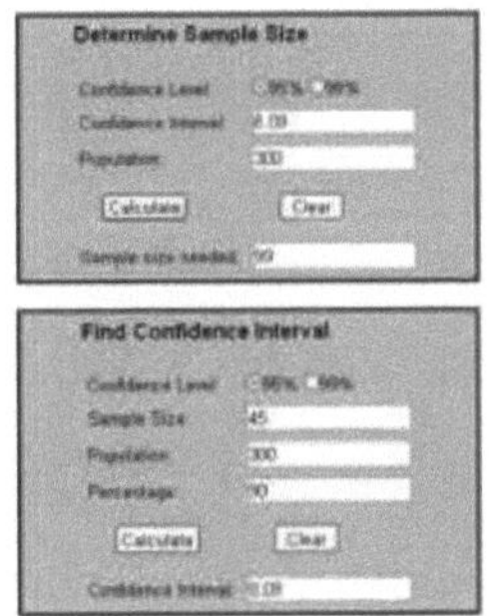

Fig. 4.1 Cálculo del tamaño de la muestra

4.1.3 Selección   de los métodos de recogida de datos:

a) Datos primarios:

Para recoger los datos primarios hemos utilizado el método del cuestionario. Hemos realizado una encuesta en el instituto, especialmente en el departamento. Numerosos estudiantes y empleados han participado en este proceso. Se encuestó a unas 100 personas.

Para la encuesta del método del cuestionario se prepararon unas 25 preguntas. Las preguntas se distribuyeron entre el personal y los estudiantes mediante formularios impresos y de Google.

Nos hemos reunido personalmente con algunos estudiantes, les hemos descrito el cuestionario y hemos discutido sus dudas sobre varias preguntas. Algunos estudiantes no estaban localizables, sus respuestas se recogieron utilizando formularios de Google. Las respuestas en línea se recogieron utilizando los formularios de Google. Estos formularios de Google se distribuyeron entre los estudiantes utilizando la aplicación android "whatsapp" y "mail".

Ambos enfoques se aplicaron con éxito para recopilar datos primarios. Algunos alumnos mostraron interés al rellenar el cuestionario, mientras que otros lo evitaron por completo. En ese momento hubo que presionarles un poco para que rellenaran el cuestionario. A muchos estudiantes les gustó el concepto de los formularios de Google, ya que era fácil, interesante y diferente.

b) Datos secundarios:

Para recopilar los datos secundarios, se han tenido en cuenta diferentes libros de texto. Varios datos estaban disponibles en Internet, es decir, Internet desempeñó un papel muy importante en la recopilación de datos secundarios. Se ha realizado un estudio de casos como referencia.

4.1.4 Análisis de datos:

Hemos analizado los datos recogidos del personal y los alumnos. Para este análisis se utilizaron varios tipos de gráficos y tablas.

4.1.5 Conclusión sobre el análisis de datos:

A partir de los datos recogidos y analizados llegamos a algunas conclusiones.

4.1.6 Recomendación o sugerencia:

Tomando todos los puntos en consideración, se observaron algunas posibilidades de mejora y también se hicieron algunas sugerencias. Se preparó una recomendación en consecuencia.

4.2 HIPÓTESIS

1) Los alumnos conocen las normas de aparcamiento

2) Los alumnos siguen todas las normas e instrucciones dadas por el vigilante.

3) El Instituto cuenta con un plan de calidad para reducir el estacionamiento indebido.

4) Los alumnos son conscientes de las consecuencias del estacionamiento indebido.

5) El Instituto tiene algunas normas para los que no las cumplen.

CAPÍTULO 5

5.1 ANÁLISIS DE DATOS

En esta encuesta se utiliza el método del cuestionario mencionado anteriormente. Por lo tanto, los datos se analizan utilizando las siguientes preguntas.

5.1.1 GRÁFICOS DE CADA PREGUNTA Y SU ANÁLISIS

Tabla 5.1 Ocupación de los encuestados

Total number of responses	Student	Staff
100	90	10

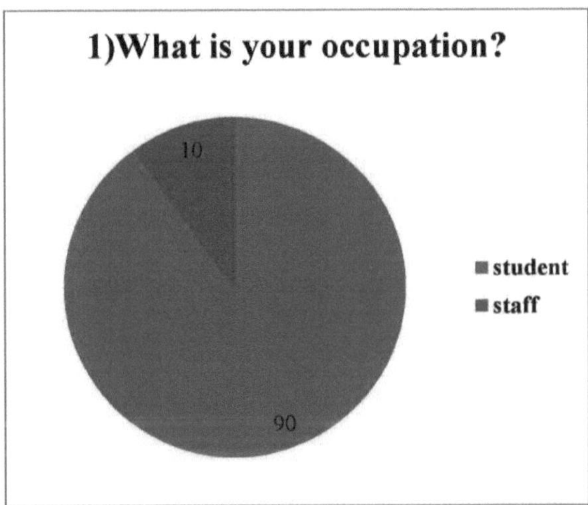

Gráfico 5.1 Ocupación de los encuestados

Del gráfico anterior se desprende que del total de respuestas recogidas, el 90% son de estudiantes y el 10% del personal.

Por lo tanto, se puede concluir que en el sistema de aparcamiento inadecuado la mayor contribución es de los estudiantes.

Cuadro 5.2 Estacionamiento del vehículo

Total number of responses	In favor	Against
75	70	5

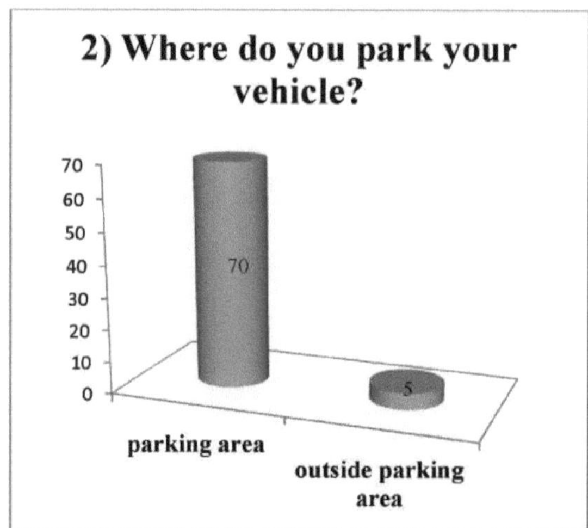

Gráfico 5.2 Aparcamiento de vehículos

Del gráfico anterior se desprende que, del total de respuestas, el 70% de los encuestados utiliza el aparcamiento y el 5% el aparcamiento exterior para aparcar sus vehículos. Es decir, el máximo porcentaje de personas utiliza la zona de aparcamiento para estacionar sus vehículos.

Cuadro 5.3 Disposición del aparcamiento en el instituto

Total number of responses	In favor	Against
100	60	40

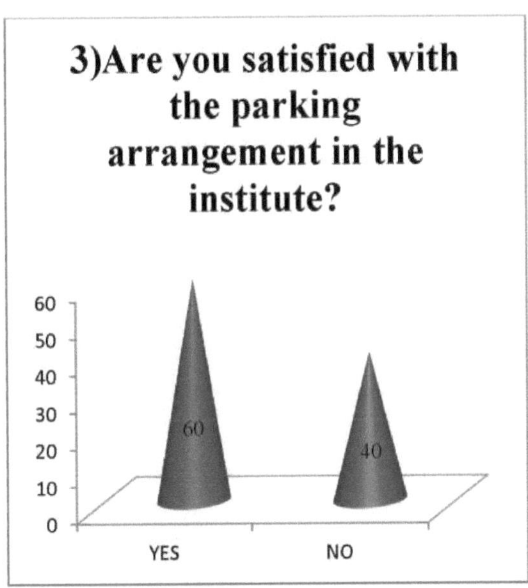

Gráfico 5.3 Aparcamiento en el instituto

El gráfico anterior muestra que el 60% de las personas han respondido a favor y el 40% en contra.

Esto significa que, aunque la mayoría de la gente está satisfecha con el aparcamiento actual, hay algunas personas que no lo están. Así que estas respuestas también deben tenerse en cuenta.

Cuadro 5.4 Problema de aparcamiento en el instituto

Total number of responses	In favor	Against
100	30	70

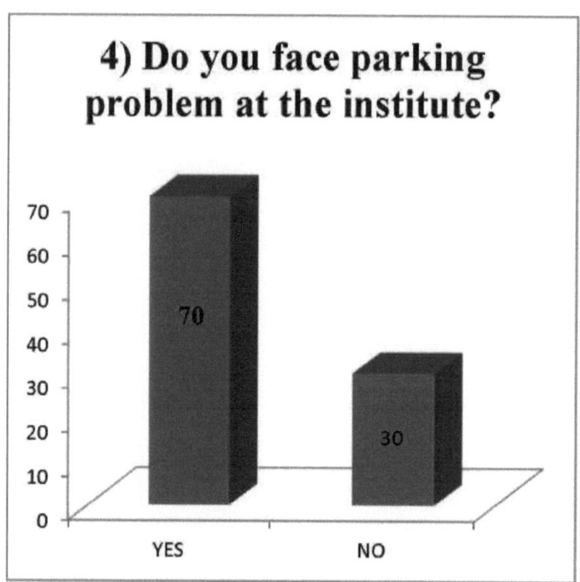

Gráfico 5.4 Problema de aparcamiento en el instituto

El gráfico anterior explica que el número de personas que se enfrentan a problemas de aparcamiento en el instituto es mayor, es decir, el 70% de las personas se enfrentan al problema y el 30% no tienen ningún problema con la disposición actual.

De la situación anterior se concluye que es necesario reorganizar el sistema de aparcamiento en el instituto.

Tabla 5.5 Respuesta sobre espacio suficiente para aparcar

Total number of responses	In favor	Against
100	35	65

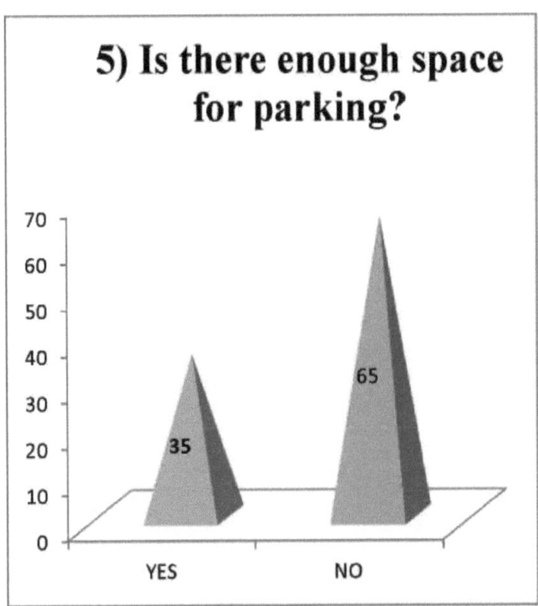

Gráfico 5.5 Respuesta sobre espacio suficiente para aparcar

El 35% de los estudiantes están satisfechos con el aparcamiento actual, mientras que el 65% no lo están.

Se puede concluir que el espacio de aparcamiento debería ampliarse para mayor comodidad de los estudiantes.

Tabla 5.6 Respuesta para diferentes franjas horarias de aparcamiento

Total number of responses	In favor	Against
100	80	20

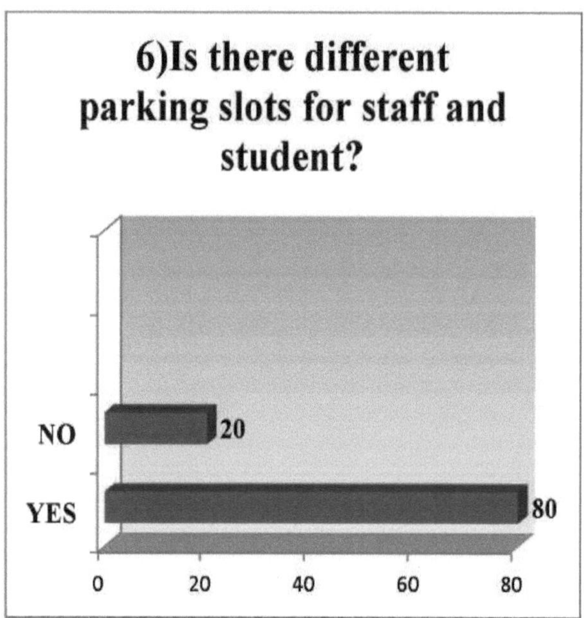

Gráfico 5.6 Respuesta para diferentes franjas horarias de aparcamiento

El 80% de los estudiantes dicen que hay un espacio diferente para el personal y los estudiantes, mientras que el 20% de los estudiantes no están de acuerdo con esto.

Cuadro 5.7 Espacio y utilización del aparcamiento

Statement	Total number of responses	In favor	Against
space	100	70	30
utilization	100	40	60

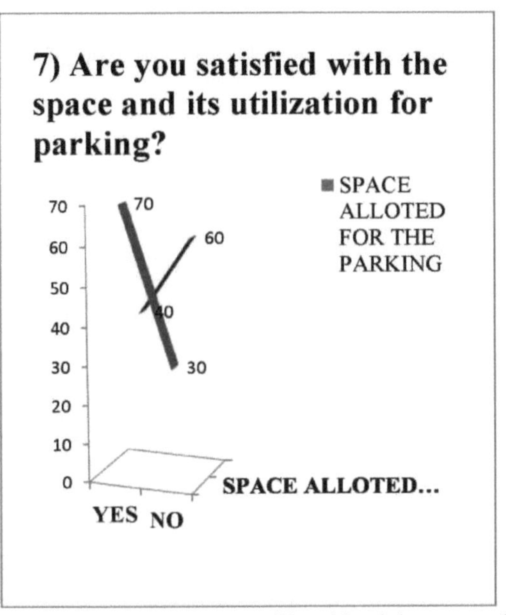

Gráfico 5.7 Espacio y utilización del aparcamiento

Se trata de datos muy importantes para el análisis de esta encuesta. El 70% de los estudiantes están satisfechos con el espacio asignado para el aparcamiento, el 30% de los estudiantes no están satisfechos con el espacio. El 40% de los estudiantes están satisfechos con la utilización del espacio y el 60% de los estudiantes no están satisfechos con el espacio asignado.

Cuadro 5.8 Causas de los problemas de aparcamiento

Statement	Response
space	20
utilization	35
Improper parking	45

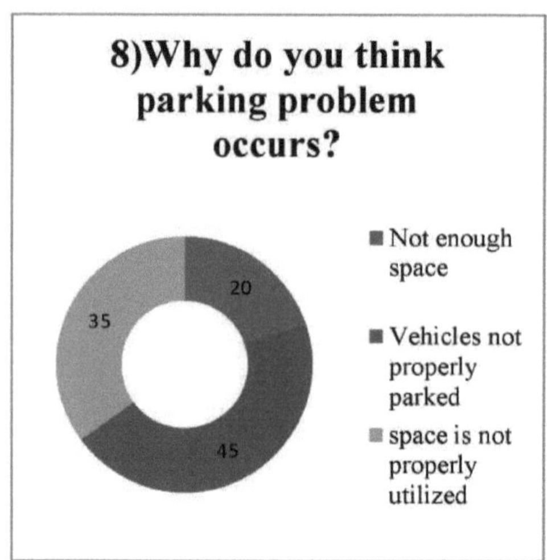

Gráfico 5.8 Causas de los problemas de aparcamiento

El donut de arriba muestra la dependencia del problema del aparcamiento de diferentes factores. El 20% de las respuestas indican que no hay espacio suficiente, el 35% que no se utiliza adecuadamente y el 45% que los vehículos no están bien aparcados.

De los datos anteriores se desprende que si los vehículos se aparcan correctamente, la mayoría de los problemas no se producirán. Hay que maximizar el espacio y utilizarlo adecuadamente.

Table 5.9 Respuestas sobre la importancia del vigilante y las instrucciones

Statement	Response	Yes	No
watchman	100	80	20
Instructions by watchman	100	75	25

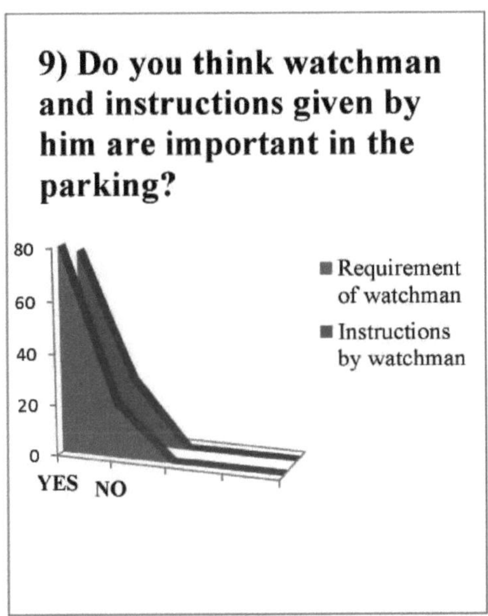

Gráfico 5.9 Respuestas sobre la importancia del vigilante y las instrucciones

El 80% de las respuestas nos dicen que el vigilante es importante y el 20% nos dicen que no es importante, mientras que en la siguiente fila el 75% de las personas dicen que las instrucciones dadas por el vigilante son importantes y el 25% dice que no son importantes.

Table 5.10 Respuestas a los problemas de tiempo y aglomeraciones en el aparcamiento

Statement	morning	afternoon	evening
Monday to Friday	35	20	45
Saturday-Sunday	20	20	20

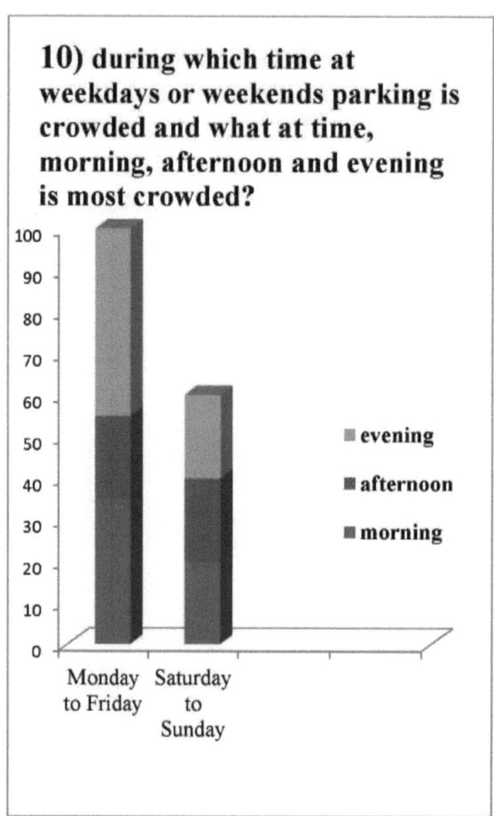

Gráfico 5.10 Respuestas sobre el tiempo y los problemas de aglomeración en el aparcamiento

El gráfico anterior muestra que de lunes a viernes, es decir, entre semana, se producen la mayoría de los problemas de aparcamiento, mientras que los fines de semana no se producen. Y durante los días laborables el problema de aparcamiento se produce por la mañana y por la tarde. Pero por la tarde es más frecuente.

Tabla 5.11 respuestas para aparcar en la puerta

Statement	Crowded parking
Gate no 1	30
Gate no 3	70

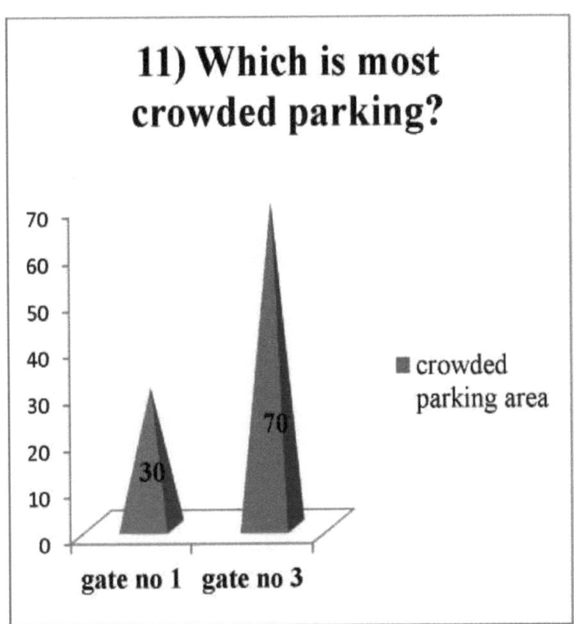

Gráfico 5.11 Respuestas sobre el aparcamiento en la puerta

En el instituto hay dos aparcamientos, en la puerta nº 1 y en la puerta nº 3. El 70% de los estudiantes cree que la puerta nº 3 está abarrotada y el 30% cree que la puerta nº 1 está abarrotada. 1 está abarrotado.

Por lo tanto, podemos concluir que el problema lo tienen sobre todo los estudiantes que aparcan sus vehículos en la puerta nº 3. Deberían ocuparse de ello. Se debe tener cuidado.

Cuadro 5.12 Respuestas para plazas de aparcamiento grandes

Response	YES	NO
100	80	20

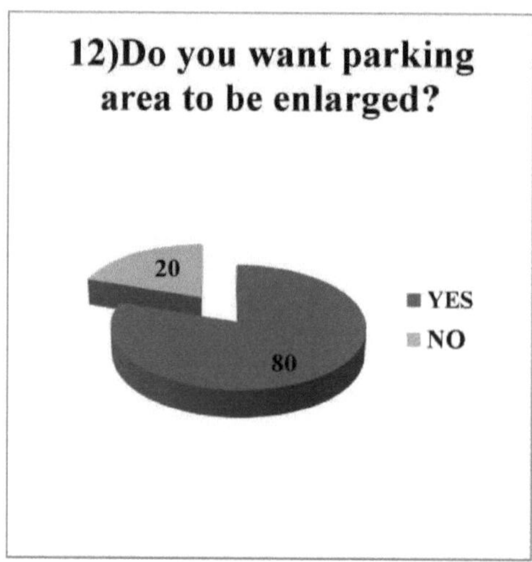

Cuadro 5.12 Respuestas para plazas de aparcamiento grandes

El gráfico circular de arriba muestra que el 80% de los estudiantes quiere que se amplíe la zona de aparcamiento y el 20% no quiere que se amplíe.

Podemos concluir que la zona de aparcamiento debería ampliarse en la puerta nº 3, porque los estudiantes tienen más problemas en la puerta nº 3.

CAPÍTULO 6

6.1 HALLAZGOS

El instituto debería tener en cuenta el problema del aparcamiento al que se enfrentan los estudiantes. El instituto debería organizar un programa para concienciar a los estudiantes sobre el aparcamiento. Esto enseñara a los estudiantes a seguir las reglas, y la importancia de seguir las reglas en el aspecto del autodesarrollo de los estudiantes.tambien los estudiantes deben tener cuidado al aparcar sus vehiculos. El aparcamiento de la puerta n° 3 está muy concurrido, por lo que los estudiantes deben tener cuidado al aparcar en esa zona. Si un vehículo no se aparca correctamente, afectará al número de vehículos aparcados en las inmediaciones. El personal debe aparcar su vehículo en la zona que se le ha asignado. El Instituto debería ampliar el espacio asignado en la puerta n° 3. Como la mayoría de los estudiantes aparcan sus vehículos allí, esto afectará al número de vehículos aparcados en las inmediaciones. El instituto debería ampliar el espacio de la puerta n° 3, ya que la mayoría de los estudiantes aparcan allí sus vehículos.

6.1.1 Imágenes relacionadas con el aparcamiento en la puerta n° 3

Fig.a

Fig.b

Fig.c

6.2 SUGERENCIAS

El instituto debería reorganizar el sistema de aparcamiento. El instituto también debería llevar a cabo un programa de concienciación para los estudiantes sobre el aparcamiento. El instituto debería multar a los estudiantes que no respeten las normas de aparcamiento.

Los alumnos deben escuchar las instrucciones del vigilante. Los alumnos deben respetar las normas. Todos deben comprobar si aparcan bien su vehículo.

El alumno debe comprender la importancia de la autodisciplina y apoyar el aparcamiento adecuado.

CAPÍTULO 7

7.1 CONCLUSIÓN

Se puede concluir que si el instituto lleva a cabo una reorganización efectiva del sistema de aparcamiento, el problema de aparcamiento se puede reducir en gran medida. Los estudiantes deben comprender las causas de los problemas de aparcamiento y realizar los cambios necesarios. Por lo tanto, si el instituto y los estudiantes trabajan juntos para cambiar el sistema de aparcamiento y seguir algunas reglas, entonces habrá un gran impacto en el problema actual del aparcamiento.

7.2 ALCANCE FUTURO

En el futuro, si el instituto supera el problema de aparcamiento al que se enfrentan los estudiantes y si se establece un sistema de aparcamiento inteligente en el instituto. Este trabajo puede ser publicado en un periódico, revista o diario. El instituto será un modelo a seguir para otros institutos que también se enfrentan al mismo problema.

CAPÍTULO 8

REFERENCIAS

1) Ajay Anil, Divya K, R.Paul /"Aparcamiento automatizado "2016 [7]

2) B.Karunamoorthy, R.SureshKumar, N.JayaSudha, "Design and Implementation of an Intelligent Parking Management System using Image Processing ",2015 [4]

3) M.Patil, R. Sakore " Smart Parking System Based On Reservation",2014 [3]

4) R. Mithari , S. Vaze ,S. Sanamdikar, "AUTOMATIC MULTISORIED CAR PARKING SYSTEM "2014[5]

5) R. Kaur, B.Singh, "DESIGN AND IMPLEMENTATION OF CAR PARKING SYSTEM ON FPGA "2013 [2]

6) M. Aggarwal, S. Aggarwal, R.S.Uppal,"Comparative Implementation of Automatic Car Parking System with least distance parking space in Wireless Sensor Networks ",2012[6].

7) H.Daud, M.H.B.Ozaman,   N.H.H.M.Hanif,   "APARCAMIENTO INTELIGENTE

SISTEMA DE RESERVAS MEDIANTE SERVICIOS DE MENSAJES CORTOS[SMS]" [1]2012

8) www.google.com

BIBILOGRAFÍAS

Cuestionario:

Tema: Problemas de aparcamiento en los institutos

Nombre:

Encuesta no:

Información personal:

9) ¿A qué se dedica?

A) PersonalB   ) Estudiante

10) ¿Cómo se va a la universidad?

A)En coche/bicicletaB   ) En bicicleta

C) a pie

11) ¿Dónde aparca su vehículo?

A) Zona de aparcamientoB) Zona de   aparcamiento exterior

Pregunta del tipo Sí o No

4) ¿Pagan tasas por el aparcamiento?

A) SíB   ) No

5) ¿Está satisfecho con la gestión del aparcamiento en la universidad?

A) SíB   ) No

6) ¿Tienes problemas de aparcamiento en tu universidad?

A) SíB   ) No

7) ¿Hay espacio suficiente para aparcar?

A)   SíB) No

8) ¿Hay plazas de aparcamiento diferentes para los vehículos de 2 y 4 ruedas?

A) SíB   ) No

9) ¿Hay plazas de aparcamiento diferentes para el personal y los estudiantes?

A) SíB   ) No

10) ¿Tienes problemas por eso?

A) SíB   ) No

11) ¿Considera que los vehículos no están bien aparcados?

A) SíB   ) No

12) En caso afirmativo, ¿a qué hora tiene este problema?
    A) De lunes a viernes B) De sábado a domingo

13) ¿Crees que el vigilante es importante en la zona de aparcamiento?

A) SíB   ) No

14) ¿Recibe instrucciones del vigilante para aparcar los vehículos?

A) SíB   ) No

15) ¿Está satisfecho con el espacio destinado al aparcamiento y su utilización?

A) SíB   ) No

16) ¿Aparca correctamente su vehículo?

A) SíB   ) No

17) ¿A qué hora se encuentra con un aparcamiento abarrotado?

A) Por la mañana B) Por la tarde C) Por la noche

18) ¿Cuál es la zona de aparcamiento más concurrida?

A)Puerta no 1B   ) Puerta o 3

19) ¿Cuánto tiempo extra necesita para aparcar en las horas de mayor afluencia?

A) 5 minutosB   ) 10 minutos

20) ¿Quiere que se amplíe la zona de aparcamiento?

A) SíB   ) No

21) ¿Está de acuerdo en que haya zonas de aparcamiento separadas para el personal y los estudiantes?

A) SíB   ) No

22) ¿Ha realizado algún proyecto sobre problemas de aparcamiento?

A) SíB   ) No

23) ¿Le gustaría que hubiera un "día sin vehículos" en semana para controlar la contaminación?

A) SíB   ) No

24) ¿Le gustaría tener un sistema de aparcamiento inteligente en el instituto?

A) SíB   ) No

25) ¿Cuál es su sugerencia para aparcar en el instituto?

Printed by Books on Demand GmbH, Norderstedt / Germany